AF575880

curio¿idad por

LOS BOMBARDEROS

POR RACHEL GRACK

AMICUS LEARNING

¿Qué te causa

curiosidad?

Curiosidad por es una publicación de Amicus Learning, an imprint of Amicus
P.O. Box 227, Mankato, MN 56002
www.amicuspublishing.us

Editora: Alissa Thielges
Diseñadora de la serie: Kathleen Petelinsek
Diseñadora de libro: Aubrey Harper

Library of Congress Cataloging-in-Publication Data
Names: Koestler-Grack, Rachel A., 1973– author.
Title: Curiosidad por los bombarderos / por Rachel Grack.
Other titles: Curious about bombers Spanish
Description: Mankato, MN : Amicus Learning, 2025. | Series: Curiosidad por las máquinas militares | Includes index. | Audience: Ages 5–9 | Audience: Grades 2–3 | Summary: "Elementary Spanish readers learn how bombers work in this inquiry-based nonfiction book about the airplanes' size, speed, and battle strength. Includes infographics and back matter to support research skills, plus table of contents, glossary, and index. Translated into North American Spanish"— Provided by publisher.
Identifiers: LCCN 2023043680 (print) | LCCN 2023043681 (ebook) | ISBN 9781645499459 (library binding) | ISBN 9798892000383 (ebook)
Subjects: LCSH: Bombers—Juvenile literature. | Airplanes, Military—Juvenile literature.
Classification: LCC UG1242.B618 K644 2025 (print) | LCC UG1242.B618 (ebook) | DDC 623.74/63—dc23/eng/20231214

Créditos de las imágenes: DVIDS/Airman 1st Class Christopher Quail 6, Master Sgt. Matthew Plew 14–15, Master Sgt. William Greer cover, 1, 5, Petty Officer 3rd Class Dan Serianni 12, Senior Airman Austin McIntosh 20, Senior Airman Dwane Young 8–9, Senior Airman Jeffrey Withrow 13 (B-1), Senior Airman Jerreht Harris 21, Staff Sgt. Tiffany Emery 13 (B-52), Tech. Sgt. Corban Lundborg 16–17, Tech. Sgt. Heather Salazar 10–11; iStock/Jiri Podpinka 9 (icon), Yevhenii Dubinko 9 (football field); Northrop Grumman 18–19; Noun Project/ Supanut Piyakanont 22 & 23 (icons); Wikimedia Commons/ Dmitry Terekhov 7, Senior Airman Joel Pfiester 13 (B-2)

Impreso en China

CAPÍTULO UNO

¿Qué son los bombarderos?

Los bombarderos son aviones de guerra que bombardean enemigos **objetivos**. También disparan misiles y torpedos. Algunos bombarderos son aviones de largo alcance. Atacan edificios y carreteras desde muy lejos. Otros bombarderos vuelan distancias más cortas. Descienden para atacar tropas y bases.

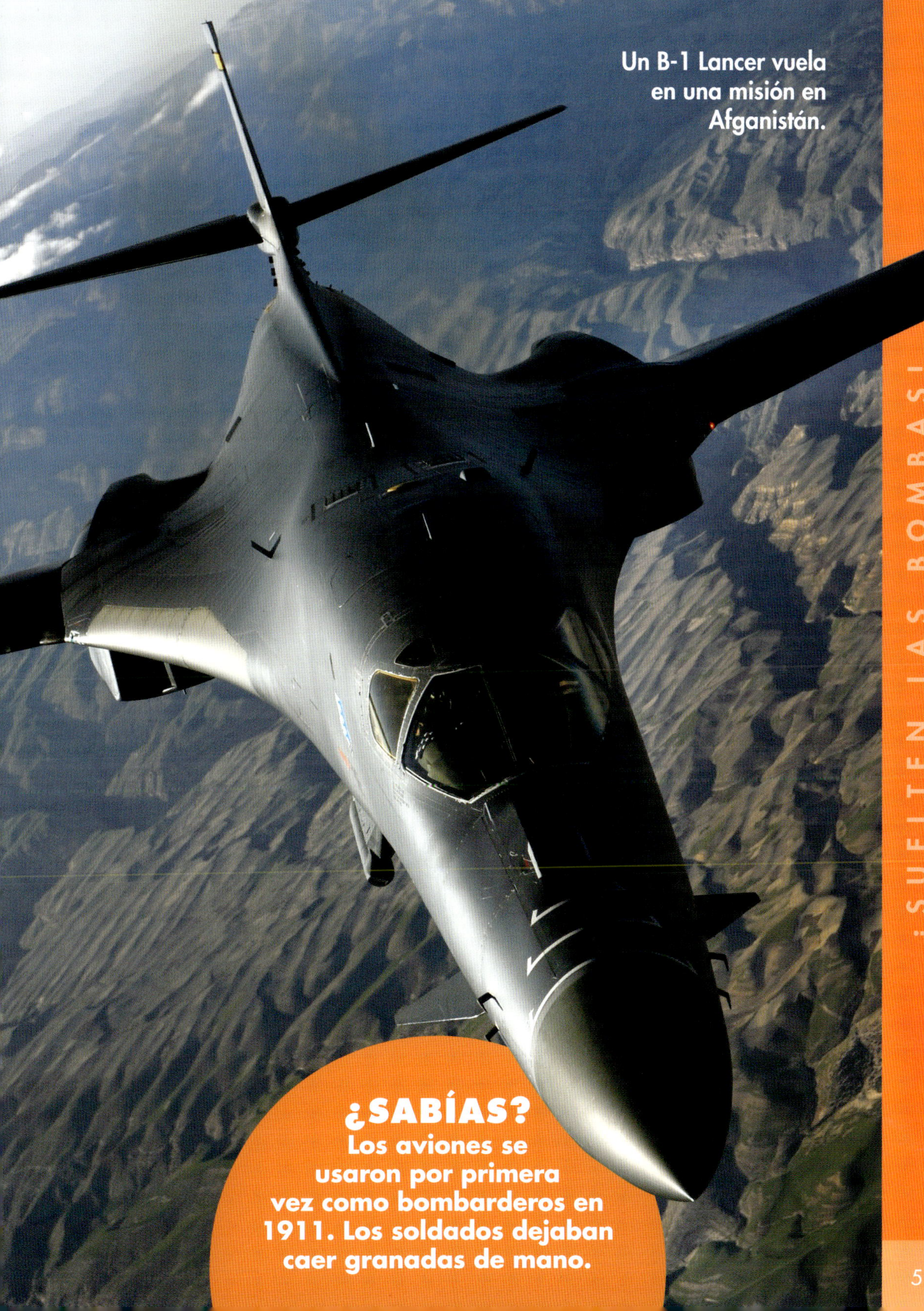

Un B-1 Lancer vuela en una misión en Afganistán.

¿SABÍAS?

Los aviones se usaron por primera vez como bombarderos en 1911. Los soldados dejaban caer granadas de mano.

¿Son rápidos?

¡Sí! Algunos son **supersónicos**. El bombardero más rápido es el Tu-160 Blackjack. Es un bombardero ruso. Estos bombarderos pueden alcanzar las 1.380 millas (2.200 kilómetros) por hora. ¡Eso es más del doble de la velocidad del sonido! El bombardero estadounidense más veloz es el B-1 Lancer. Ambos están fuertemente **armados**.

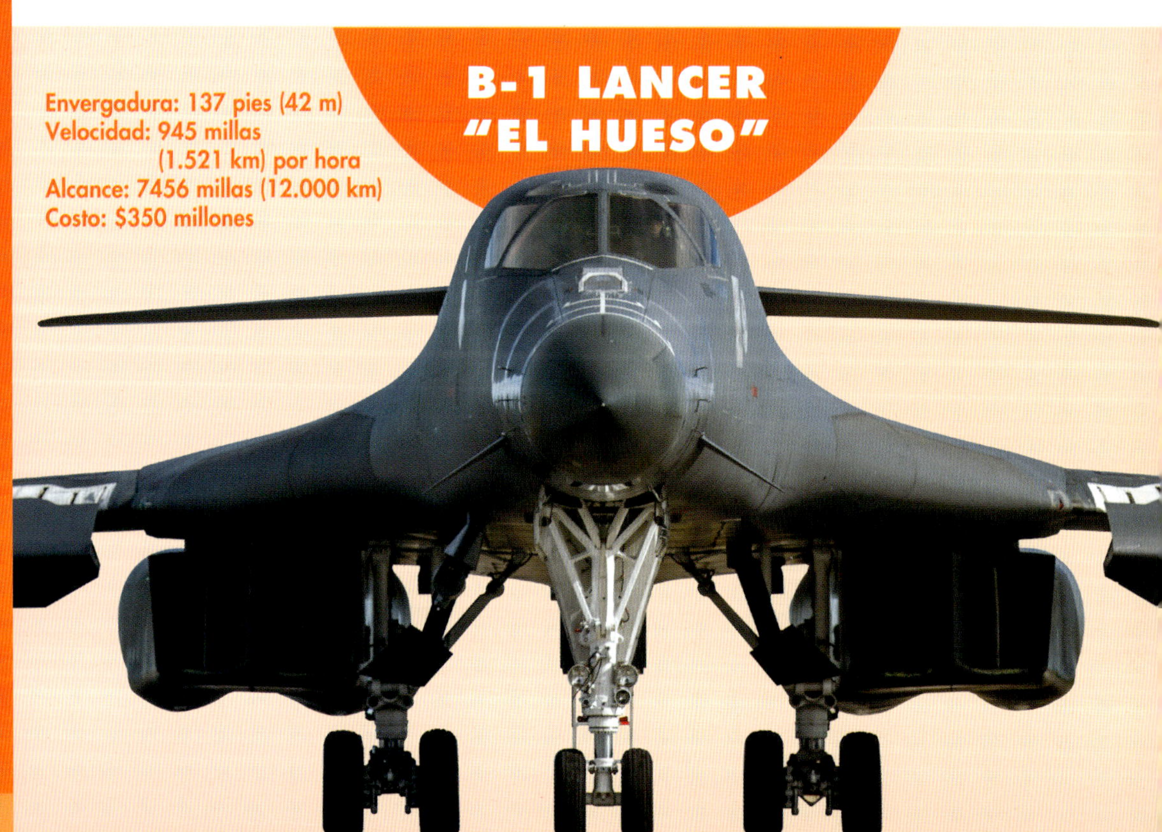

B-1 LANCER "EL HUESO"

Envergadura: 137 pies (42 m)
Velocidad: 945 millas (1.521 km) por hora
Alcance: 7456 millas (12.000 km)
Costo: $350 millones

Al Tu-160 también lo llaman
"Cisne Blanco" en Rusia.

Tu-160
Envergadura: 183 pies (56 m)
Velocidad: 1.380 millas (2.200 km) por hora
Alcance: 7.456 millas (12.000 km)
Costo: $270 millones

¿Cuántas armas puede transportar un bombardero?

Cada tipo de bombardero transporta cantidades diferentes. Su **carga útil** se mide en peso. Los bombarderos pesados transportan las cargas más grandes. La carga útil de un B-52 es de 70.000 libras (31.500 kg). Los bombarderos ligeros son más pequeños y realizan ataques rápidos. Llevan cargas más ligeras.

Los B-52 son bombarderos de largo alcance utilizados en numerosas misiones.

¿SABÍAS?

El B-52 Stratofortress es el bombardero más grande del mundo. Cubriría media campo de fútbol.

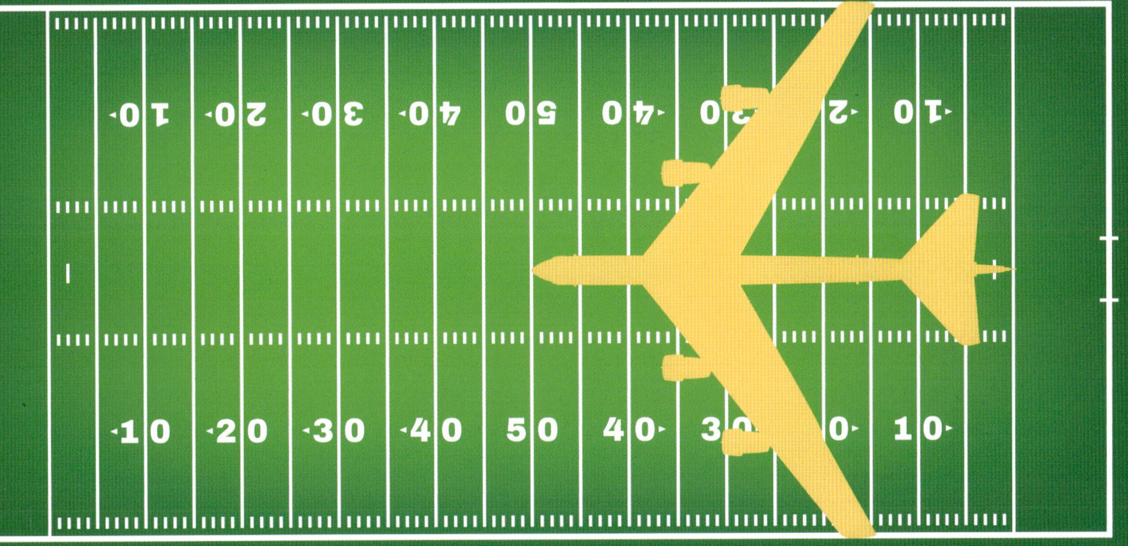

CAPÍTULO DOS

2

¿Qué tipo de combustible usan los bombarderos?

Una tripulación reabastece de combustible un B-2 Spirit antes del despegue.

Usan JP-8. Este es un **combustible** para aviones de alta calidad. Se puede almacenar durante más tiempo que otros tipos. Es bueno para clima cálido y frío. Al JP-8 también se le agrega un **químico** especial. Esto ayuda a que su combustión sea más limpia.

¿SABÍAS?

La mayoría de los combustibles para aviones militares tienen un punto de inflamación alto. Esto significa que se necesita más calor para prenderlos fuego.

¿Cuántos bombarderos hay?

El B-2 Spirit puede atacar a alturas súper elevadas.

La Fuerza Aérea de los EE. UU. tiene 152 bombarderos. Eso es más que cualquier otro país. Hoy en día, la Fuerza Aérea usa tres tipos de bombarderos. El B-1 y el B-52 son dos de ellos. El tercero es el B-2 Spirit. Es un bombardero **furtivo**. Este avión es invisible para la tecnología enemiga.

B-52 Stratofortress: 650 millas (1.046 km) por hora

B-2 Spirit: 630 millas (1.014 km) por hora

B-1 Lancer: 921 millas (1.482 km) por hora

VELOCIDADES DE LOS BOMBARDEROS

CAPÍTULO TRES

¿Por qué los B-2 tienen una forma rara?

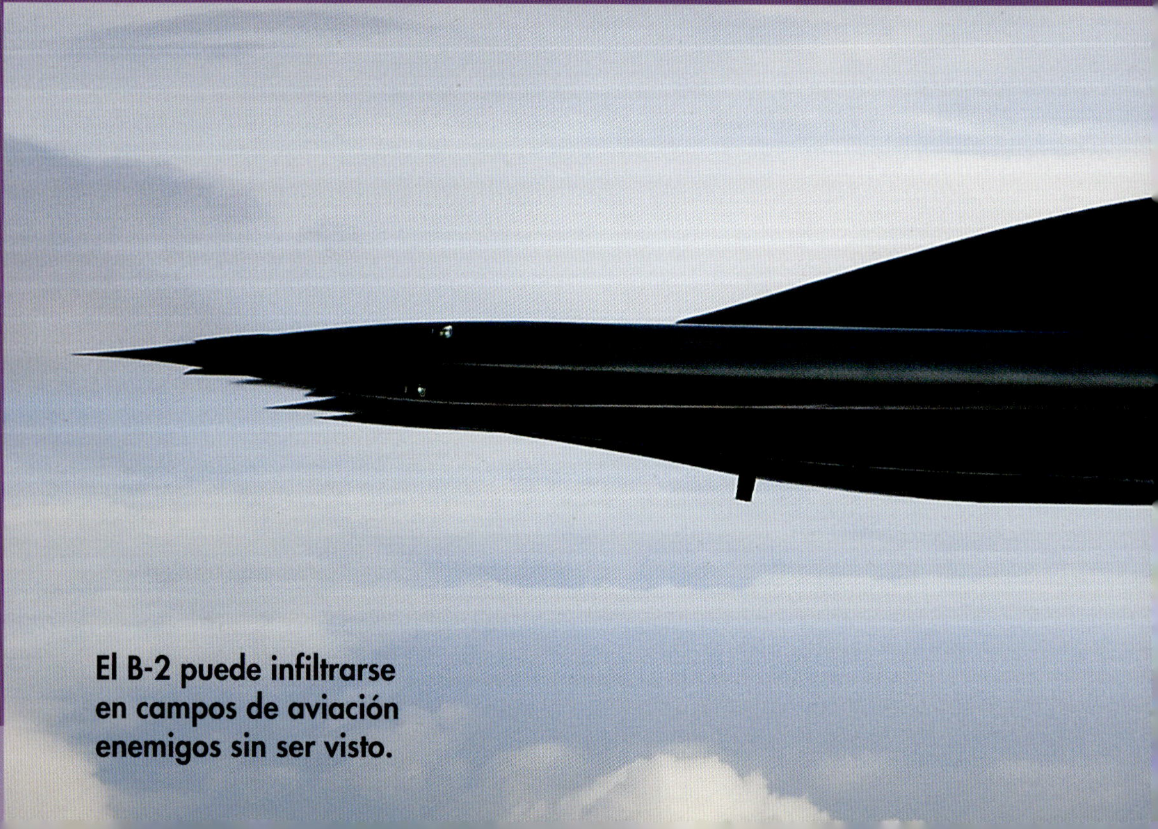

El B-2 puede infiltrarse en campos de aviación enemigos sin ser visto.

Ayuda a ocultarlos. Los bombarderos furtivos se acercan sigilosamente al enemigo. Los B-2 son planos y negros. Desaparecen en el cielo nocturno. Su forma rara engaña a los enemigos. Es difícil saber en qué dirección van. También son **aerodinámicos**. Esto les permite volar más lejos con menos combustible.

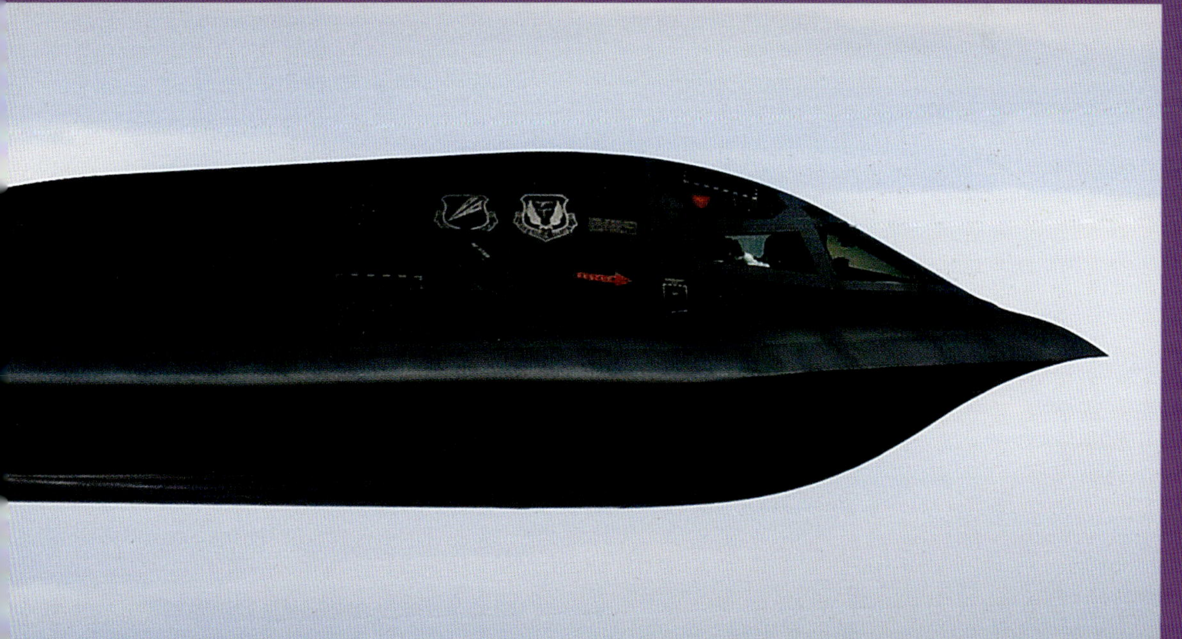

Dos pilotos de B-52 están atentos a todos los controles durante el despegue.

¿Cómo es pilotear un bombardero?

¿SABÍAS?
La misión más larga de un bombardero duró más de 73 horas. Un B-2 voló de Estados Unidos a Medio Oriente ida y vuelta.

Difícil y agotador. La cabina está llena de computadoras, pedales y palancas. Hay muchos botones y luces. Y tienes que aprenderlos todos. A menudo vuelas todo el día o más. Es mucho tiempo en un espacio pequeño. ¡Al menos las cabinas tienen baño!

¿Cuántos tripulantes lleva?

Algún día, el nuevo B-21 reemplazará a los bombarderos B-1 y B-2.

Eso depende del avión. El B-2 tiene una tripulación de dos pilotos de la Fuerza Aérea. Pero el B-1 tiene una tripulación de cuatro. Dos pilotean el avión. Los otros dos controlan las armas. Los B-52 llevan cinco tripulantes. Un **navegante** adicional vigila su ruta.

¿SABÍAS?
Un nuevo bombardero estadounidense despegó en 2023. El B-21 Raider puede volar sin tripulación humana. Usa inteligencia artificial.

¿Cómo se reabastecen los bombarderos en vuelos largos?

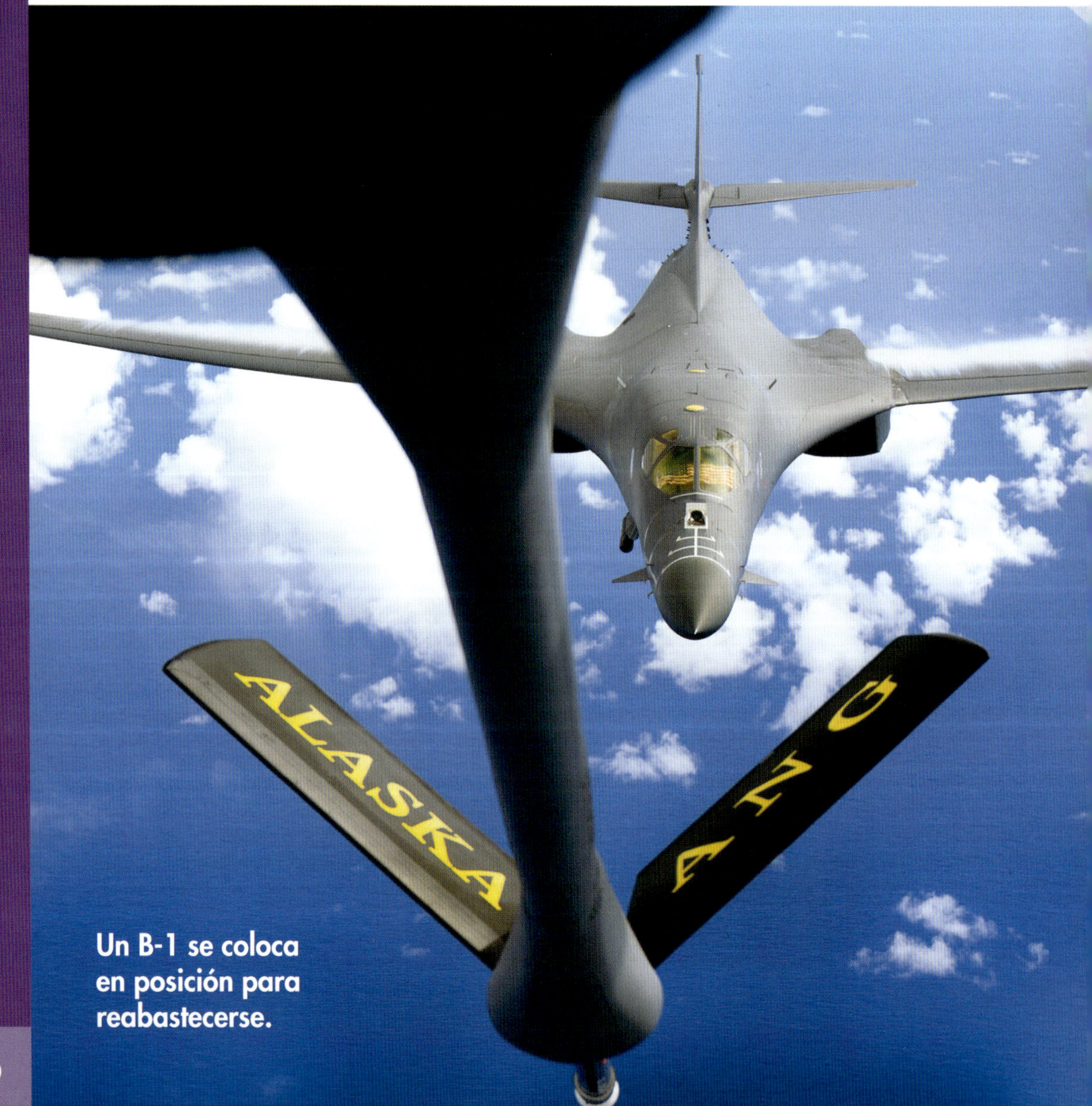

Un B-1 se coloca en posición para reabastecerse.

¡En el aire! El bombardero se encuentra con un avión cisterna. El bombardero vuela por debajo del avión cisterna. Una manguera desciende. Se conecta al bombardero. Los aviones vuelan juntos hasta que el tanque está lleno. Tarda unos 15 minutos. ¡Entonces está listo para rugir!

La manguera de combustible se conecta a la nariz del B-1.

¿SABÍAS?

Los B-2 pueden volar 6.200 millas (9.978 km) con el tanque lleno. Necesitan hasta cuatro recargas de aire por operación.

HAZ MÁS PREGUNTAS

¿Cuál fue el primer avión bombardero?

¿Hay algún piloto de bombarderos famoso?

Prueba con una PREGUNTA GRANDE: ¿Qué habilidades son importantes para un piloto de bombarderos?

BUSCA LAS RESPUESTAS

Busca en el catálogo de la biblioteca o en Internet.
Pueden ayudarte tus padres, un bibliotecario o un maestro.

Usar palabras clave
Busca la lupa.

Las palabras clave son las palabras más importantes de tu pregunta.

¿

Si quieres saber sobre:

- cuándo se construyó el primer avión bombardero, escribe: PRIMER BOMBARDERO
- algunos pilotos famosos, escribe: PILOTOS DE BOMBARDEROS FAMOSOS

GLOSARIO

aerodinámico Algo que tiene una forma que le ayuda a desplazarse fácilmente por el aire.

armado Que lleva armas.

objetivo Objeto al que se dispara algo.

carga útil La cantidad de mercancías o materiales que transporta un vehículo.

combustible Un material, como el gas, que se quema para producir calor o energía.

furtivo Forma secreta y silenciosa de moverse o comportarse.

inteligencia artificial abreviado IA; el poder de una máquina para copiar el pensamiento y los comportamientos humanos inteligentes.

navegante Persona que dirige el rumbo de un avión, barco u otro vehículo.

químico Sustancia que puede causar un cambio en otra sustancia.

supersónico Velocidad superior a la del sonido.

ÍNDICE

Acerca de la autora

Rachel Grack es editora y escritora de libros para niños desde 1999. Vive en un pequeño rancho en Arizona. Rachel siente un profundo respeto por las fuerzas armadas de los EE. UU. Su tío sirvió como teniente primero en la Infantería de Marina. Era piloto de un F-8 Crusader.